纸上魔方 / 编著

历史上的
数学解疑

山东人民出版社

全国百佳图书出版单位 国家一级出版社

图书在版编目（CIP）数据

数学王国奇遇记. 历史上的数学解疑 / 纸上魔方编著 . 一 济南：山东人民出版社，2014.5（2022.1 重印）

ISBN 978-7-209-06324-1

Ⅰ . ①数… Ⅱ . ①纸… Ⅲ . ①数学 – 少儿读物 Ⅳ . ① O1-49

中国版本图书馆 CIP 数据核字 (2014) 第 028594 号

责任编辑：王　路

历史上的数学解疑

纸上魔方　编著

山东出版传媒股份有限公司
山东人民出版社出版发行

社　址：济南市英雄山路 165 号　邮　编：250002

网　址：http:// www.sd-book.com.cn

推广部：（0531）82098025　82098029

新华书店经销

天津长荣云印刷科技有限公司印装

规　格　16 开（170mm×240mm）

印　张　8

字　数　120 千字

版　次　2014 年 5 月第 1 版

印　次　2022 年 1 月第 4 次

ISBN　978-7-209-06324-1

定　价　29.80 元

如有质量问题，请与出版社推广部联系调换。

目 录

第一章

古代度量衡

退多远的距离才是"退避三舍"？

"退避三舍"中的"三舍"到底是多远呢？在弄清楚这个问题之前，我们先来讲一个关于"退避三舍"的历史故事。

春秋战国时期，晋国当时的国君晋献公听信了奸臣的谗言，杀害了太子申生。这还不算，他还认为申生的弟弟重耳也会害自己，于是又派人去捉拿重耳。好在重耳很机灵，在得到消息后，早早地逃出了晋国。

在外面流浪了很长一段时间后，重耳来到了楚国。楚国的国君楚成王认为重耳这个人不错，将来肯定会大有作为，所以对重

耳十分友好。每次请客，他都会用上宾的礼节来对待重耳，这让重耳很是感动。

一天，楚成王又一次请重耳吃饭，两人一边喝酒，一边聊天，很是开心。趁着酒兴，楚成王就问重耳："如果有一天你回到晋国并当上了君主，会怎么报答我呢？"重耳想了想，说道："您是楚国的国君，美女、珍宝、丝绸您是一样不缺，而且，楚国盛产珍贵的鸟羽、象牙和兽皮，我们晋国只是一个小国，哪有什么好东西可以献给国君您呢？"楚成王大笑着说："你说得很对，可是不管怎么说，你也应该有所表示吧？"重耳又想了想，笑着对楚成王说："要是我真的能够回到晋国当上国君，楚国和晋国之间若是发生了战争，我一定会命令晋国军队先退避三舍，请求得到您的原谅。如果这样还不能得到您的原谅，我再与您交战。"

几年之后，重耳真的回到晋国当上了国君，成了历史上很有名气的晋文公。晋文公是个好国君，他把国家治理得很好，使晋国慢慢强大起来。因为楚国也是大国，所以两个大国之间开始因为抢夺土地而发生矛盾了。

终于，楚国和晋国的军队在战场上相遇了。重耳很讲信用，他记得当初说过的话，命令自己的军队后退九十里，驻扎在城濮。楚国的军队看到晋国的军队后退，认为这是晋国的军队害怕了，于是拼命向前追。结果，楚军中了晋国设下的埋伏而导致战败，最后只得灰溜溜地退回楚国。

聪明的小朋友们，看到这里，你们肯定已经知道"三舍"有多远了吧！是的，"三舍"就是九十里。在古代，行军三十里为"一舍"，"三舍"当然就是九十里了。

005

古代的一尺是多长?

相传,在清朝康熙年间,文华殿大学士兼礼部尚书张英的家人和邻居吴家的人因为房子的事起了纷争。邻居之间吵吵架本来也是常事,但张英的家人不干了,他们认为张英怎么也是个大学士,不能受这样的气。于是,家人就写信通知在京城的张英,让他把这件事给"摆平"了。张英看完信后,并没有用自己手中的

权力来插手这件事，而是给家里人回了一封信。上面没写别的，只写了一首诗："一纸书来只为墙，让他三尺又何妨。长城万里今犹在，不见当年秦始皇。"这意思很明显：让别人几尺又有什么关系？万里长城倒是修建得很雄伟，但是，修建长城的秦始皇呢？多少年过去了，不还是一样用不着了吗！家人看到这封信，明白了张英的苦心，主动向后退了三尺，才开始垒墙盖房子。邻居深受感动，也主动后退了三尺。这样一来，两家的院墙之间，就形成了一条六尺宽的巷子，被后人称为"六尺巷"。

小朋友们，这个故事告诉我们，要学会礼让，更要学会与人和睦相处。想想看，古代的大官都能做到这一点，我们为什么不

能呢？事情就是这样：争一争，行不通；让一让，六尺巷。

那么，六尺到底有多长呢？要想明白这个问题，我们得了解古代的长度单位。"六尺巷"里"尺"这种长度单位，是古代和今天都在用的，但是，古代的"尺"和今天的"尺"所代表的长度实际上并不是一样的。简单地说，古代的尺要短于今天的尺。

在古代，最初的"尺"指的是男子伸出的拇指和中指之间的距离，大约是二十厘米，所以，周代的一尺相当于现在的二十厘米左右。再以后，尺随着历史的前进慢慢在加长，到了明清的时候，一尺大概也就相当于今天的三十一厘米了。

　　讲到这里，小朋友们一定都在算了，"六尺巷"是清朝发生的故事，一尺也就是三十一厘米左右，那么六尺有一百八十多厘米呢！看来，这条巷子还不算太窄哟！

009

古代钱币怎么计算?

我们看过古装戏里，人们用银两作为钱的单位。可以说，银子这种东西对于我们来说，并不陌生。即使是在今天，银制的饰品依然被许多人所喜爱，价格也不便宜。在古代，银子就是钱。可是，会有细心的小朋友问："在古装戏里，人们买东西除了用银两，还用一串一串的钱，那是什么东西？"

原来，古代的货币不
仅有金子、银子，还有
铜钱。一枚铜钱就是一文，就是那种
圆形的、中间有孔的钱币。由于一文钱的购买力很小，仅相当于
现在的几角人民币，因此，古人习惯把这种铜钱用线穿起来，穿
成一串一串的钱。这种成串的钱，就叫作"贯"。通常来说，一
贯钱指的是一千个铜钱，不过也有例外。比如，宋朝就有过一贯
钱为七百七十个铜钱的时候，也有过一贯钱为八百五十个铜钱的
时候。不过大多时候，一贯钱还是一千个铜钱。在这里，为了方
便计算，我们按一贯钱为一千个铜钱来算。

现在的人上街买东西，会使用现金或者银行卡，甚至还有网
络支付，而在古代就没有这么方便了。由于银子的价值很高，一
般人上街买东西的时候是不会随身带着的。有钱的人家带着一贯
钱，没钱的人家拿着一些铜板，就可以在集市上买东西了。

小朋友们可不要小看这一贯钱呀，它有着不小的价值呢！

铜钱小知识

象征天圆地方、天地统一的"秦半两"是华夏方孔圆钱的鼻祖。铜钱上的孔叫作内穿,最早为圆孔,而后演变成方孔。圆钱也叫作圆金,取象于璧环或纺轮。铜钱作为货币流通了两千多年,直到辛亥革命推翻帝制之后,才退出了历史舞台。

有个成语叫作"腰缠万贯",用来形容一个人非常富有。看来,在古代,有一万贯的财产就已经是富有的人了。那么,一贯钱究竟能买多少东西呢?学者们在研究古代货币时,通常都认同这样一个换算公式:一两黄金等于十两白银,一两白银等于一贯钱,而一贯钱则等于一千文铜钱。这也就是说,一两黄金等于十贯铜

钱。虽然，不同朝代的货币换算会在这个等式上上下浮动，但也相差不多。现在，市场上的黄金价格是每克三百五十元左右，如果按照每克三百五十元这个价格来计算，那么一两黄金就是一万七千五百元。一两黄金等于十贯铜钱，那么一贯铜钱就相当于今天的一千七百多元。小朋友们，现在知道了吧，说一个人"腰缠万贯"是非常富有的，其实一点儿也不过分。一万个一千七百多元，是多大的财产呀！

"半斤八两"
是怎么计算的?

　　"半斤八两"这个成语很有意思,很多人经常会用到,也知道它用来比喻实力不相上下、实力相当。可是,有很多人却不知道它为什么会表示这个意思甚至会想:是不是古人表达错了?用"半斤五两"比喻实力相当还差不多,为什么会用"半斤八两"?

我们都知道，现在的一斤等于十两，那么半斤自然就是五两了。所以说，有上面想法的人似乎没有错。只是他们不知道，在这个成语产生的时代，一斤并不等于十两。为什么会这样呢？因为，在古代，人们采用的是十六进制而不是十进制，所以，古时候的一斤是十六两。既然一斤是十六两，那么半斤自然就是八两了。

古时的十六进制和今天计算机程序中的十六进制差不多，由此可见，古人多么有智慧。其实，古人为什么会采用

十六进制,这其中有一个说法!相传,古时每一两代表一颗星,十六两就代表了十六颗星。这十六颗星分别是:"北斗七星""南斗六星"和"福""禄""寿"三星。古代的人们非常迷信,他们认为,卖东西的人如果在别人买东西时给足了称,就会得足星星,特别是"福""禄""寿"三星,这样生活就会和和美美。反之,如果卖东西的人在称货时要滑头,缺斤少两,那么少一两就会减福,少二两就会损禄,少三两就会折寿,而这些,都是古人最忌讳的呢!

虽然这些只是传说,但是古人采用十六进制却是事实。一斤等于十六两的换算规则

在中国使用了几千年呢！一直到1959 年，才改革为一斤等于十两。

　　关于"半斤八两"这个成语，还有一个历史典故：秦朝以前，各国钱币和度、量、衡的单位都不统一，这使得各国百姓之间的交易非常不方便。秦始皇统一六国之后，为了改变这种情况，于是下令统一度、量、衡，这件事就由李斯负责。经过一段时间的努力之后，度、量的标准都已经基本确定，但还有这个"衡"的标准没有确定，于是，李斯就去请教秦始皇。秦始皇什么也没有说，提笔写下"天下公平"四个大字交给李斯。李斯想不明白这四个字是什么意思，又不敢去问秦始皇，最后实在没有办法了，就把这四个字的笔画相加，就成了"衡"的单位。一斤等于十六两，那么半斤就是八两，正好相等。

　　小小一个成语，也蕴含着很多知识呢！小朋友们，你们弄明白"半斤八两"中的进制问题了吗？

"五斗米" 有多重？

东晋大诗人、文学家陶渊明，在彭泽当县令的时候，有一天有个官员要来检查公务。这个官员非常贪婪，总是以检查公务的名义向别人索要贿赂。有人劝陶渊明穿戴整齐，去迎接这个官员的到来，但是，陶渊明却没有这么做，他说："我不能为了五斗米的薪俸，就低声下气地去向这些小人献殷勤！"说完，他就辞去官职，去山中隐居了。

018

陶渊明不为五斗米折腰的骨气也被人们千古传颂。

这个历史故事就是"五斗米"的来历。陶渊明说他的薪俸仅

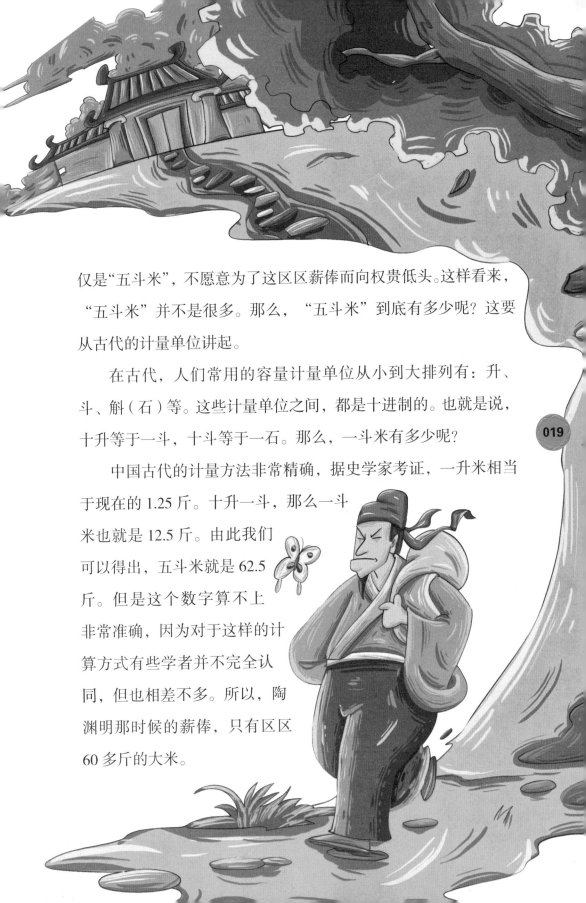

仅是"五斗米",不愿意为了这区区薪俸而向权贵低头。这样看来，"五斗米"并不是很多。那么，"五斗米"到底有多少呢？这要从古代的计量单位讲起。

在古代，人们常用的容量计量单位从小到大排列有：升、斗、斛（石）等。这些计量单位之间，都是十进制的。也就是说，十升等于一斗，十斗等于一石。那么，一斗米有多少呢？

中国古代的计量方法非常精确，据史学家考证，一升米相当于现在的 1.25 斤。十升一斗，那么一斗米也就是 12.5 斤。由此我们可以得出，五斗米就是 62.5 斤。但是这个数字算不上非常准确，因为对于这样的计算方式有些学者并不完全认同，但也相差不多。所以，陶渊明那时候的薪俸，只有区区 60 多斤的大米。

"千乘之国" 的兵马有多少？

春秋时期，年轻的孔子开坛讲学。有一次休息时，他和弟子们谈论各自的理想。子路说："如果给我一个千乘之国，即使这个国家内部很混乱，外部有强大的敌人，但只要三年，我就可以让这个国家全民皆兵，兴

盛发达起来。"孔子笑子路好斗，于是转而问冉求，而冉求的理想则是以礼乐治理国家。

　　这个故事就是"千乘之国"的出处。那么，究竟什么叫作"千乘之国"呢？小朋友们要注意"千乘之国"中"乘"字的读音，这个字读"shèng"，而不是读"chéng"，意思就是用四匹马拉的大车。

　　在古代，马是战场上必不可少的工具，而马拉的大车，就像今天战场上的坦克一样，是可以用来打仗的。所以，古时马拉的战车就成了军队的基层单位，一辆战车就称为"一乘"。在商朝末年的时候，每乘十人，三个人在车上，七个人在车下。所以，那个时候，一个"千乘之国"的兵力有万人左右。因为当时的人口总体来说不多，所以一个"千乘之国"的兵力已经是相当多了，一般只有天子才会有那么多的兵力，而诸侯通常只不过有数千兵马而已。

　　到了周代，随着人口不断增长，战车上的人数和装备慢慢充足起来。每乘拥有四匹马来拉一辆战车，车上有甲士三人，车下有步兵七十二人，另外还有二十五个后勤人员。所以每乘的总人数为一百人，这个人数也成了每乘的基本人数。

战车上的三名甲士，按左、中、右排列。左边的甲士拿着弓箭，用来远程攻击敌人，是这辆战车的长官；右边的甲士拿着矛，用来近程攻击敌人，并且还负责为战车排除障碍；而在中间的甲士，则专门驾车。这三名甲士都是有身份的人，比车下的步兵地位要高一些。至于车下的步兵和后勤，则可以灵活变动。不仅如此，战车上的保护措施也比较好，可以有效减少伤亡。这样一来，战车在战争中的杀伤力就大大增强了。国家的战车越多，也就意味着他们的军事力量越强大。因此，国家之间的强弱都是

用车辆的数目来衡量的。

在春秋时期，拥有一千辆战车的国家，只是一些小的诸侯国，而不是什么大的国家。春秋的礼制是这样的：天子六军，每军千乘，共六千乘；大国三军，共三千乘；中国两军，共两千乘；小国一军，共一千乘。乘，真正成为一个国家兵力是否强大的标志。

现在，小朋友们应该知道"千乘之国"代表了什么吧！至于"万乘之国"所指的内容，也不难理解了吧！所谓的"万乘之国"就是拥有上万辆战车的国家呢！那可是真正的大国。在古代，一般说到"万乘之国"，通常就是指周朝。

度量衡的统一

要想弄明白这个问题，小朋友们一定要先了解什么叫作度量衡。度量衡是日常生活中用于计量物体长短、容积、轻重的统称。分开解释，计量长度的器具为"度"，比如尺子；测定容积的器皿为"量"，比如烧杯；测量物体轻重的工具为"衡"，比如秤。

春秋战国时期，各国使用的尺寸、升斗、斤两标准都不一样。秦始皇统一六国之后，发现这些计量标准的不同给社会

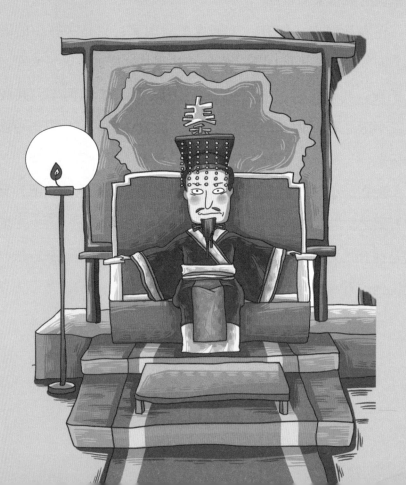

带来了很大的麻烦。为了解决这个麻烦，他下令统一所有测量工具的标准，也就是统一了度量衡。

　　统一度量衡，改变了战国以来度量衡混乱的局面，使统一后的秦国有了一致的度量标准，为人们从事经济文化交流活动提供了便利的条件。同时，这对赋税制度和俸禄制度的统一产生了积极的作用，更有利于消除割据势力的影响。最重要的是，统一度量衡，巩固了秦王朝的统治，有利于封建社会经济的发展。

　　这就是秦始皇统一度量衡的意义。很多小朋友都听过秦始皇的故事，认为他是个暴君，其实，他做过很多对中国有着深远意义的事情呢！统一度量衡就是其中之一，我们一定要学会站在历史的角度客观公正地看待秦始皇。

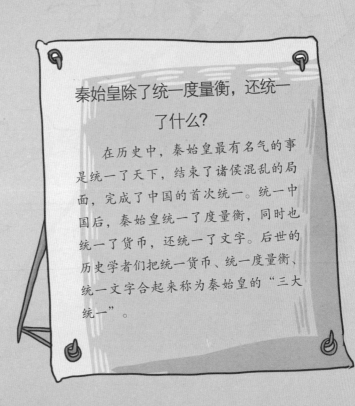

秦始皇除了统一度量衡，还统一了什么？

　　在历史中，秦始皇最有名气的事是统一了天下，结束了诸侯混乱的局面，完成了中国的首次统一。统一中国后，秦始皇统一了度量衡，同时也统一了货币，还统一了文字。后世的历史学者们把统一货币、统一度量衡、统一文字合起来称为秦始皇的"三大统一"。

"无规矩不成方圆" 中的数学原理

　　"无规矩不成方圆"指的是做任何事情都要有一定的规矩、规则和方法，如果没有规矩，没有纪律，将什么事情都做不成。规矩是我们生存与活动的基础和依据，我们必须在规矩所约束的范围内活动，离开了这个范围，那一切都会乱套。

　　在生活中，这句俗话我们经常会听到。可是，小朋友们，你们知道吗？这句话中藏着一个简单的数学原理呢！

　　"无规矩不成方圆"本来是木匠使用的术语。"规"指的是圆规，而"矩"也是一种木工用具，就是我们今天所说的曲尺。木匠们在干活的时候，经常会遇到一些做圆物的工作，比如打制圆窗、圆门之类，这时就需要用圆规来画圆了。当然了，木匠们在做木工的时候，做得最多的图形还是方形，比如方桌、方凳等，这时候就需要用到曲尺了。曲尺并不是弯曲的尺子，而是一边长一边短的直角尺。

　　"规"和"矩"对于木匠来说非常重要。如果没有了"规"和"矩"，再厉害的木匠也做不好木工活，因为他们没有办法画出非常标准的圆和方。圆规和曲尺同时起到了一个限制木匠们做圆物和做方物时的随意性的作用，但也正因为有了规矩的限制，木匠们才能画出最标准的方和圆，做出最完美的木工活。

　　用"规"画圆，用"矩"画方，是一个非常简单的道理。"无规矩不成方圆"，发展到后来，慢慢地从木工行业走了出来，变成人们做事情如果没有规则加以限制，就会出错的告诫用语了。

"规"和"矩"合起来，就成了做事情的法则、标准或者习惯。

小朋友们需要明白的是："方圆"不仅仅是指方形和圆形的东西，还代表特定的事物。无论是简单还是复杂的事情，都必须要有规矩和行为制度。而这些规矩和行为制度则要求我们用自己心中的"圆规"和"曲尺"去做一个限制。想想看，如果马路上人人都不守规矩，乱占交通要道，那么整个马路上会出现怎样的情况？不用多考虑，这种情况，想想就让人觉得害怕。

第二章

古代虚报数额

"九鼎"的历史意义

夏朝初年，夏王大禹把天下划分为九州，并命令九州的官员贡献青铜。之后，他用这些青铜铸造了九只大鼎。为了使每只大鼎象征一个州，大禹派人把全国各州的名山大川、奇异事物画成图册，然后仿刻在这九只大鼎之上。这样一来，人们只要一看到这九只大鼎，就可以知道当地的风俗和鬼怪传说，就能够趋吉避凶。

传说，这件事受到了上天的赞美，夏朝也因此得到了上天的保佑。从此以后，九州成了中国的代名词，而九鼎代表九州，反映了全国统一和王权的高度集中，成了王权至高无上、国家统一昌盛的象征。就这样，九只大鼎作为王权的象征，从夏朝传了下去，一直传到了周朝。

看过电视剧《封神榜》的小朋友应该知道，周朝是武王伐纣胜利后所建立的。建立周朝以后，武王把国土分封给了自己的亲属和功臣，并以诸侯国的形式来管理国家。这

031

种管理国家的方法本来很不错，可是，到了春秋时期，各个诸侯国的势力渐渐强大起来，它们之间你争我抢，开始相互争夺霸权。慢慢地，周朝的天子已经无法控制整个天下的局势了。

在众多诸侯国之中，楚国的势力最大。楚庄王即位以后，很快灭掉了庸国，打败了宋国，并且亲自带兵去攻打戎族。当楚庄王带领大军经过周朝的都城时，周朝的天子周定王吓坏了，因为此时的周朝已经有名无实，实力反而不如楚国强大。

为了和楚国维持好关系，周定王派

出了使节去城外慰问楚军。没想到，楚庄王不但不领情，反而十分傲慢地问使节："我听说大禹铸造了九只大鼎，世代相传，是传世之宝，心中很是好奇，不知道这些鼎有多大、有多重呢，你能给我讲一讲吗？"使节听后吓了一大跳，但仍不卑不亢地回答说："虽然夏王铸造了九鼎，但是夏朝、商朝和周朝三代都是依靠德来管理国家的，而不是依靠鼎。如果有道德，鼎就算很小也会很重；如果没有道德，鼎就算很大也会很轻。鼎在周朝已经传了七百多年，虽然现在周天子的势力不如以前了，但还是在用德管理国家，还没有到被人取代的时候。所以，鼎的轻重，你还是不要打听了吧！"

　　这一番话说得很明白，使节直接告诉了楚庄王：虽然你有取代周朝的野心，但现在还没有取代周朝的实力，早些回去吧！楚庄王考虑再三，知道自己确实还没有实力取代周朝，只好打消了非分之想，带着大军离去了。

　　九只大鼎是无价之宝，更是镇国之宝。其实，它们的珍贵之处更多地在于政治内涵，因为那是王权的象征。楚庄王其实并不是真的对那九只鼎的重量感兴趣，他只是想借着"问鼎"这件事来试探周朝的态度。由此可见，在周朝，九鼎意味着王权。所以，后人常用"问鼎"表示觊觎政权，用"定鼎"表示建立政权。只可惜，如此重要的九只大鼎，在周朝以后就下落不明了，没有人知道它们去了哪里，也不知它们什么时候能够重见天日。

什么是鼎？

鼎是一种三足两耳的器具。在古代，它可以用来煮盛食物，也是宗庙里祭祀用的一种礼器。由此可见，鼎在古代用处多多。鼎盛行于商周时期，制作材料多为青铜。

"300勇士"
到底有多少人？

公元前500年至公元前400年，是伊朗古城波斯帝
国的兴盛期。强大的波斯帝国为了扩大自己的疆土，经常对
外发动战争，它与希腊各城邦以及亚历山大帝国之间的战争时
有发生。公元前492年到公元前490年，波斯大军两次出征希腊，
都遭到了失败。

第一次波希战争失败后，波斯国王——大流士一世把这当作
自己一生的耻辱，并发誓要报复希腊人。遗憾的是，当他花了七

年的时间召集好军队准备出征希腊时，却突然发病而亡。于是，他对希腊的复仇任务，就落到了儿子薛西斯肩上。

薛西斯是新的波斯国王，他用了四年的时间集合了一支非常庞大的远征军，准备攻打希腊。这支军队包括臣服波斯的40多个国家，100多个民族的战士，号称有500万人之多。这当然是不可能的，历史学家经过研究，推测出这支军队大概有20万人。尽管是20万人的大军，对于希腊来说也已经是天文数字了。

公元前480年的夏天，波斯大军渡过了达达尼尔海峡。当波斯军队渡海的时候，希腊城邦已经得到了这个消息，但是他们正在举办奥运会。按照希腊的习俗，奥运会期间是不能有任何军事

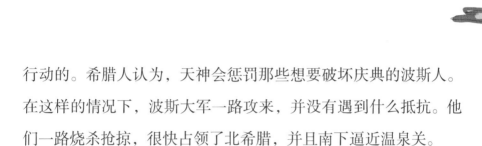

行动的。希腊人认为，天神会惩罚那些想要破坏庆典的波斯人。在这样的情况下，波斯大军一路攻来，并没有遇到什么抵抗。他们一路烧杀抢掠，很快占领了北希腊，并且南下逼近温泉关。

希腊联军的统帅，斯巴达国王——列奥尼达，急忙率领先前到达的希腊联军 7 000 多人，守在了地势险要的温泉关。温泉关的关口狭窄，只能容一辆战车通过，却是从希腊北部通往中部的必经之路。在这里，希腊人挡住了波斯军队一次又一次的进攻，这让薛西斯大为恼火。

正在两军交战的紧要关头，当地的一名希腊人背叛了守军，投奔了波斯军队。他给波斯军队指出了一条通往温泉关背后的小路。波斯军队趁机发起袭击，打开了关口。这样一来，希腊军队前后都是敌人，不能依靠关口抵抗了。为了保存实力，列奥尼达

命令联军主力撤退，自己率领 300 名斯巴达人拼死抵抗。这 300
人为了掩护希腊主力撤退，硬是没有后退一步，消灭了近 2 万波
斯大军。面对人数众多、装备精良的波斯大军，斯巴达人所表现
出来的勇气被后人所传颂。

　　据说，战争结束后，人们在阵地上只找到了 298 具斯巴达人
的尸体。原来，有两个斯巴达人没有参加战斗：一个害了眼病，
无法上关作战；一个因为奉命外出，在路上耽误了时间，没赶上
战斗。这两个人虽然活着回到了斯巴达，却被人们说成是胆小鬼，

被人们看不起。后来，
他们一个人自杀了，另
一个人在之后的战斗中英勇
杀敌，牺牲在阵地上。尽管这样，斯
巴达人还是拒绝把他们葬在光
荣战死者的墓地中。

039

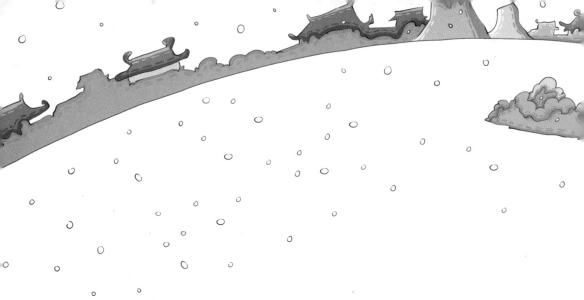

真能活到
"九千九百岁"吗？

魏忠贤，明朝熹宗朱由校时期的一个大太监。在很多电视剧里，都有以他的事迹改编成的故事呢！在这些故事中，魏忠贤一直是一个大奸臣、大坏蛋。那么，这个大奸臣被称为"九千九百岁"又是怎么回事呢？

赌债

魏忠贤年少时就不是一个好
孩子。他虽然家境贫寒，常常流浪街
头，却喜欢赌博、喝酒。因为欠下很多赌
债，实在没有办法了，就自愿进宫做了太
监。魏忠贤这个人很聪明，他知道，要想在皇宫中
混得好，就一定得找个靠山。于是，他想尽办法结交了
太子宫里管事的大太监王安，又结识了皇长孙朱由校的
奶妈客氏。就这样，魏忠贤有了经常接触朱由校的机
会。在他的拼命巴结下，朱由校渐渐地喜欢上了这个
既懂事又会逗乐的小太监。

朱由校当上皇帝成为明熹宗之后，由于他很信
任魏忠贤，就把魏忠贤封为大官。熹宗皇帝不喜欢

管理国家大事，总是喜欢干木匠活，魏忠贤就趁机帮他管理朝廷大事。慢慢地，朝廷大权就到了魏忠贤手中。到了后来，魏忠贤更是在朝廷中扶植了很多党羽，谁不听话，他就把谁杀掉。一些忠臣告诉皇帝魏忠贤干了很多坏事，但是，皇帝不相信，还是把国家大事交给魏忠贤来管理。魏忠贤听说有人说他的坏话，就把那些向皇帝告状的人也抓起来杀掉了。慢慢地，再也没有人敢不听魏忠贤的话了，好多大臣们都来巴结他。

在古代，皇帝被人们称为"万岁"，亲王们被称为"千岁"，而那些巴结魏忠贤的人认为他的权力比亲王更大，只比皇帝小那么一点点，接近"万岁"的称号，于是就称他为"九千九百岁"。

号称"八十三万"的大军

《三国演义》是我国的四大古典名著之一，里面有很多可以让我们学习的东西。就拿"赤壁之战时曹操的八十三万大军"这个问题来说，如果我们开动脑筋好好想一想，就会知道赤壁之战时，曹操的大军并没有八十三万之多。

为什么这么说呢？首先，我们可以从一些历史学家的研究中找答案。根据历史学家们的研究，我们可以知道，在三国这个战

乱不断的年代，魏、蜀、吴三国人口加起来才七百多万。这也就是说，魏国的人口最多也就三百多万。要想从三百多万老百姓中组建起一支近一百万人马的大军，显然是不可能的。为什么这么肯定呢？

因为，在这三百多万人中，首先要去掉一半的女子，在古时候，女子是不可能从军的。然后，在那剩下的不到两百万的男子中，还要去掉 15 岁以下的孩子和 50 岁以上的老人，这些人也是不可能上阵打仗的。最后，曹操也不可能将军队的绝大多数都带过来打孙权和刘备，在剩下的一百万左右的壮年男子中，总要有一部分人留守在后方。所以，无论怎样计算，曹操都是不可能凑够八十多万的军队的。

曹操是个很聪明的人，他知道，夸大自己的实力，就可以让

对手害怕。算算看，孙权和刘备联合起来的军队有多少人？孙权有三万人，刘备有一万人，而刘琦也有一万人，孙刘联军总共就只有五万人左右。曹操说自己的军队有八十三万，就可以很好地吓唬孙权和刘备。

实际上，曹操所率领的中原军队只有十五六万人，这一点周瑜说过："彼所将中国人，不过十五六万。"加上后来曹操从刘表那里招降的七八万人，也就二十多万人。即便是这样，这个军队的数目也已经很庞大了。孙刘联军用五万人的军队战胜了曹操二十多万人的大军，依然是非常了不起的！

小朋友们现在清楚了吧！虽然曹操的大军没有八十三万，但相比之下还是很多。孙权和刘备并没有被曹操的"八十三万"大军吓住，而是用五万人马去迎战曹操。诸葛亮和周瑜更是了不起，他们想出了火攻的计谋，一把火烧掉了曹操的大军，上演了一出以少胜多的历史好戏。

魏

火烧赤壁的故事

公元208年，曹操率领大军攻打吴国，吴国和蜀国联合起来对抗曹操。诸葛亮和周瑜决定用火攻击，突袭曹操的大军。周瑜假装与黄盖闹矛盾，暗中派黄盖去投降曹操。黄盖在带领数十条船假意投降的时候，趁着东风放起了大火。曹操的战船是用铁索连在一起的，无法及时分开，所有船只都被大火引燃，兵马死伤无数，曹操几十万大军就这样灰飞烟灭了。

名字里的数字含义

　　欧洲人起名字的时候，喜欢把自己最尊敬或者是历史上最有名的人的名字作为儿孙的名字。比如，宗教里有名的圣徒的名字彼得、约翰之类。这种情况往往会在一个家族里重复发生，比如，儿子和父亲一个名字，孙子和爷爷一个名字。这些都是很正常的事情。

　　如果名字相同，怎样才能加以区分

呢？如果是普通老百姓，往往在儿
子或者孙子的名字后面加上一个后
缀，用这个后缀就可以把相同的名字区分开了。

但是，如果是皇族，就不能简单地加一个后缀来区分了，因
为皇族受到许多人的关注。尤其是欧洲历史上那些持续了好几百
年的家族王朝，受到关注的程度更高。皇族起名字，当然也喜欢
把最有名、最尊敬的人的名字作为儿孙的名字。这样一来，就出
现了很多国王名字都一样的现象。比如说，法国就有十八个叫路
易的国王，叫亨利、查理这些名字的国王也有很多。

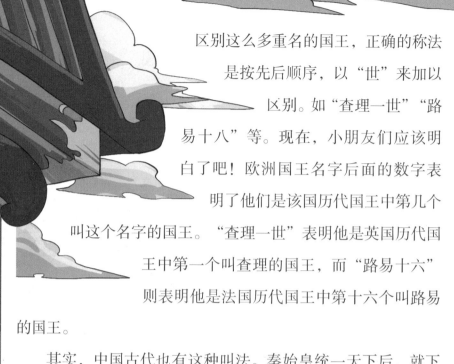

区别这么多重名的国王，正确的称法是按先后顺序，以"世"来加以区别。如"查理一世""路易十八"等。现在，小朋友们应该明白了吧！欧洲国王名字后面的数字表明了他们是该国历代国王中第几个叫这个名字的国王。"查理一世"表明他是英国历代国王中第一个叫查理的国王，而"路易十六"则表明他是法国历代国王中第十六个叫路易的国王。

其实，中国古代也有这种叫法。秦始皇统一天下后，就下诏让他的后世子孙按照"二世""三世"的方式排列下去，只可惜，秦朝传到"秦二世"时就灭亡了。不过，秦朝的这种叫法，和欧洲王室的叫法还是有些不一样的。秦始皇排列中的"三世"一定是"二世"的儿子，但在欧洲却完全不是这样。"三世"可能是"二世"的儿子，也可能是兄弟，甚至是一点儿关系也没有，因为他们完全有可能是两个朝代的国王。在欧洲，只要前朝有一个"腓力一世"，那么后面朝代再出现叫腓力的国王，

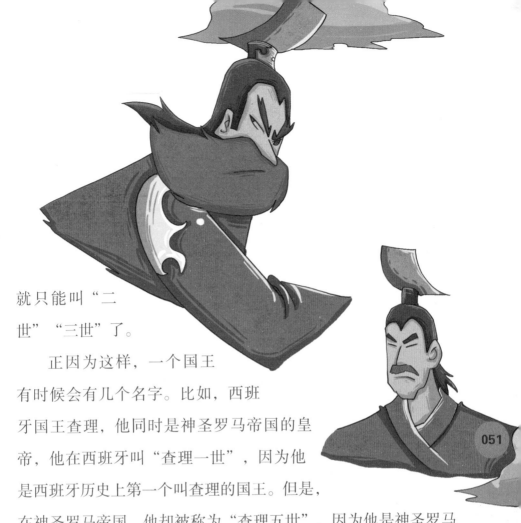

就只能叫"二世""三世"了。

正因为这样，一个国王有时候会有几个名字。比如，西班牙国王查理，他同时是神圣罗马帝国的皇帝，他在西班牙叫"查理一世"，因为他是西班牙历史上第一个叫查理的国王。但是，在神圣罗马帝国，他却被称为"查理五世"，因为他是神圣罗马帝国历史上第五个叫查理的国王。

有些人会认为"路易十二""路易十三""路易十四"这些国王，一定是连在一起相继继位的国王。这其实也是不对的，因为名字后面的这些数字只表明他在同名国王中排第几位，而不是表示他在所有国王中排第几位。比如亨利四世死了，他的一个叫

理五世

查理一世

路易的儿子继承了王位，而在他儿子继位之前，已经有十二个法国国王叫路易，那么，他儿子当上国王后的称号就是"路易十三"，而不是"亨利五世"。

　　怎么样，小朋友们，欧洲国王名字后面的那些数字是不是很有意思呀？

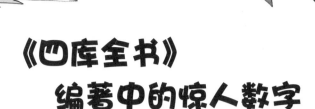

《四库全书》编著中的惊人数字

　　两百多年前，清朝乾隆皇帝依靠大清的强大国力，组织全国数百名优秀学者、高官，用数十年的时间编著了中国历史上规模最大的丛书《四库全书》。这部丛书内容丰富，涵盖了我国历代的典籍精华，不仅是中华民族的文化瑰宝，更是世界文化史上的一个奇迹。

　　这部丛书分为《经》《史》《子》《集》四部，所以叫作《四库全书》。书中收录的古籍有 3 503 种、共 79 337 卷、被装订成 36 000 多册，全书有 8 亿多字，内容的丰富程度古时少有。可以说，这部丛书基本上收集了古代所有的图书，所以才称之为"全书"。即便是由清朝的乾隆皇帝主持编著，但这部丛书的编著工程仍然让人震惊。古代的科学发展程度很低，所有的编著过程全部依靠人力，无法像今天我们刊印图书那样快捷和方便。

经

史

子

集

　　在乾隆皇帝的主持下，《四库全书》的编著共分四步：第一步是征集图书。在编著《四库全书》之前，征集图书要做的就是收集资料。可是，就这么一项基本工作，动员起全国的力量，还是做了整整七年。为了能够征集更多图书，乾隆皇帝制定了"进书有奖"的制度，也就是说，进贡书多的人可以得到朝廷的奖励。在这种制度的推动下，征书工作进行得很顺利，七年时间，一共征集了 12 237 种图书，仅江苏一省，就进书 4 808 种。

　　第二步是整理图书。图书征集上来了，自然要进行分门别类的整理。清朝政府派了大量的学者整理这些图书，对各书提出应抄、应刻、应存的具体意见。应抄的书可以抄入《四库全书》；应刻的书是最好的著作，不仅要抄入《四库全书》，还要另外刻印；而应存的书，则是不合格的书，不能抄入《四库全书》。不仅如此，挑出来的书还要由校官改错别字，进行初审，然后二审、三审。总之，这是一项巨大而又繁重的筛选工作。

第三步是抄写底本。书挑选出来以后，就要开始抄写工作了，这是整个编著工作的核心部分。抄写的人不但要字迹端正，还要吃苦耐劳，因为抄写实在是一项极其繁重的工作。根据资料记载，清朝政府先后选拔了 3 826 人担任抄写工作。为了保证进度，每个人每天要抄写 1 000 字，每年抄写 33 万字，5 年限抄 180 万字。

南北七阁

为了存放《四库全书》，乾隆皇帝建造了"南北七阁"。"南北七阁"中北四阁分别是"文渊阁""文溯阁""文源阁""文津阁"，南三阁分别是"文宗阁""文汇阁"和"文澜阁"。七阁共存放七部《四库全书》，其中文源阁本、文宗阁本和文汇阁本早已不存在了，只有余下的四阁本留存至今。

当然了，抄得好的人会有奖励，抄得不好的人则会遭到严厉的处罚。在这种制度下，每天都有 600 人在从事抄写工作，每天可以抄写 60 多万字。

第四步是校订。这是最后一道非常关键的工作，同样需要很多人协作完成。清朝政府在这项工作上依旧有着严厉的奖惩制度，查出错误有奖，漏查错误要罚。

从这几步我们可以看出，《四库全书》的编著，是古代人民勤劳和智慧的结晶。整个编著工作中那些让人惊叹的庞大数字，向全世界证明了中华民族拥有惊人的力量和智慧。

数学王国奇遇记

第三章

奇特的历史称谓

什么是
"二桃杀三士"？

"二桃杀三士"是古代一个很有趣的故事。这个故事来源于《晏子春秋》，大概内容是：齐景公手下有三名勇士，他们分别是田开疆、公孙接和古冶子。这三个人都非常厉害，不仅力大无穷，而且武功超群，为齐景公立下了不少功劳。但是，也因为这样，这三个人开始骄傲起来，看不起别人，得罪了齐国的

宰相晏子。

　　晏子可不是一般人物，怎么能受得了这三个人的气呢？于是他就劝齐景公把他们杀掉。齐景公一向很听从晏子的话，就同意了。但是，他不知道要以什么样的罪名杀掉自己忠心的手下。晏子献出计策：以齐景公的名义赏赐三个人两个桃子，让他们自己去评定功劳，谁的功劳大谁就可以吃到桃子。

　　这三个人很自大，都认为自己的功劳最大，应该得到一个桃子。于是，他们就开始评定自己的功劳。公孙接讲了自己以前打虎的功劳，很神气地拿了一个桃子。田开疆讲了自己在战场上英勇杀敌的功劳，也得意地拿起了另一个桃子。但是，当他们正要吃桃子的

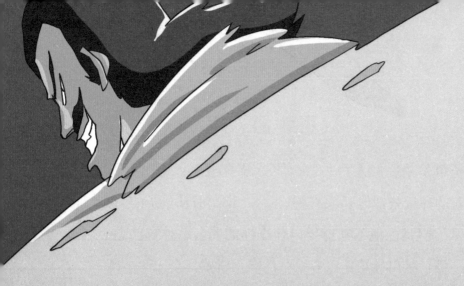

时候，古冶子却讲出了自己更大的功劳。这个功劳确实很大，以至于公孙接和田开疆听完后，也都觉得自己的功劳没有古冶子的大。于是，他们赶紧让出了自己的桃子。

他们两个人认为自己的功劳没有古冶子的大，却还要抢桃子吃，这样的行为太丢脸。古时的人们很讲究面子，认为做出这样丢脸的事就没法再活下去，于是，公孙接和田开疆就都拔剑自杀了。古冶子看见了，非常后悔，认为两个好朋友的死因全在自己，是自己不知道隐瞒功劳而让他们丢了脸面。于是，他也拔剑自杀了。两个桃子，杀了三个勇士，这就是古代非常有名的借"桃"杀人的故事。

晏子用计谋，不费一点儿力气就达到了自己的目的，非常聪明。其实，他的聪明包含了一个重要的数学原理，叫作"抽屉原理"。"抽屉原理"也叫作"鸽子巢原理"，大意是一群鸽子飞进比鸽子数目少的鸽巢里，至少有一个鸽巢里会有两只或两只以上的鸽子。同样，把苹果放入少于苹果数目的抽屉里，也会有两个或者两个以上的苹果出现在同一个抽屉里的情况。

在"二桃杀三士"的故事中，那两个桃子就是"抽屉"，而三名勇士则是"苹果"。把三个"苹果"同时放进两个"抽屉"当中，很自然就出现了两个"苹果"在一个"抽屉"里的情况，也就是两个勇士必须合吃一个桃子。对于勇士们来说，那是一种羞耻，比死还可怕的羞耻。所以，他们选择了以死来结束这种羞耻。晏子正是巧妙地利用了这个数学原理来达到自己的目的。看来，小小的"抽屉原理"，作用却不能小视哟！

哪"三家"瓜分了晋?

　　小朋友们可以先动动脑筋，猜猜看，"三家分晋"到底是怎么一回事？很多小朋友肯定会想：这有什么难的，"三家分晋"，不就是有三家人把晋国给瓜分了吗？对的，"三家分晋"就是这个意思，只不过，这三家人可了不得。

　　春秋时期发生了很多战争，在这些战争里，有一些小诸侯国被大诸侯国给吞并了。但是，那些强大起来的大诸侯国内部也不安定，权力慢慢地落到了一些大官的手中，这些大官在当时叫作大夫。

　　春秋末期，晋国的权力慢慢地落到了六家大夫的手中。这六家分别是韩、赵、魏、智、范和中行，另外郤、栾等大家族也掌握了一些权力。这些大家族有了权力就想要更多的土地，于是，为争夺土地相互间开始发动战争。范和中行两家首先被吞并了，晋国的权力由智、赵、韩、魏四家共同掌握，其中以智家的势力最大。

　　智家的大夫智伯瑶想侵占其他三家的土地，于是，就对另外三家的大夫赵襄子、魏桓子和韩康子说："晋国本来是中原的霸主，后来被吴国和越国夺去了霸主的地位，为了使国家强大，我们每家都应该拿出一百里的土地给国家。"大家都知道智伯瑶是想要私吞他们的土地，却没有齐心协力去反抗。

韩康子和魏桓子很快就把一百里土地让给了智家，只有赵襄子不同意。智伯瑶很生气，马上命令韩家和魏家一起发兵攻打赵家。三家联合起来的兵马很多，赵家的军队根本抵挡不住。没有办法，赵襄子只好带着军队退到了晋阳（今天的山西太原），凭借高大的城墙来阻挡三家

的军队。赵襄子很聪明，他不让士兵们出城迎敌，敌人攻城的时候就用箭射击。这个方法很有效果，三家的军队围了两年多，也没有攻下晋阳。

看到晋阳城实在难攻，智伯瑶就想了个办法：他命令士兵把晋阳城边上的晋水河挖了一个口子，一直通到晋阳城，又让人在晋水河的上游修建大坝，拦住了上游的河水。这个时候正好是雨季，水坝里的水满了，智伯瑶就命令士兵挖开水坝。滚滚的大水，一下子就把晋阳城给淹了。

晋阳城中老百姓的房子都被大水给淹了，可是却没有人愿意投降，大家都很恨智伯瑶。而智伯瑶却觉得非常开心，他对韩康子和魏桓子说："你们看，晋阳被水一淹就完了，凭什么挡得住我呢？"韩康子和魏桓子虽然表面顺从，心里却非常担心，因为韩家的平阳和魏家的安邑旁边也各有一条河道。他们担心，有一天智伯瑶会用同样的方法来对付自己。想来想去，他们想到了一个办法，那就是先下手为强。他们偷偷联系上了晋阳城中的赵襄

子，和赵襄子的军队里应外合，连夜对智伯瑶的军队发动了进攻。因为智伯瑶没有防备，他的军队很快就被击溃了，智伯瑶也被杀死了。

智伯瑶一死，智家的地盘也被剩下的三家瓜分了。不仅如此，韩、赵、魏三家趁机瓜分了晋国其他的土地，成了诸侯国。这就是"三家分晋"的故事。

"战国七雄"有哪些?

春秋时期,经过大规模的诸侯国混战之后,很多诸侯国被灭掉或者是被吞并,诸侯国越来越少。到春秋末年,剩下的大诸侯国主要有西方的秦国,中原北面的晋国,东方的齐国和燕国,南方的吴国、楚国和越国。

战国早期,秦国和燕国的实力比其他几个诸侯国弱小,而晋国、齐国、楚国和越国这四个国家的实力比较强大。"三家分晋"的故事中,强大的晋国在三家的瓜分下,渐渐被赵国、魏国和韩国这三个国家所取代。这样一来,在战国早期,剩下的大诸侯国就变成了秦国、燕国、赵国、魏国、韩国、齐国、楚国和越国这八个国家。在这八个国家当中,越国因为进入战国时期,长期内乱,慢慢变得弱小起来,最后被楚国给灭了。

講到这里，聪明的小朋友们已经明白"战国七雄"是指什么了吧？对的，"战国七雄"就是战国时期七个实力最强的诸侯国，它们分别是：秦国、燕国、赵国、魏国、韩国、齐国和楚国。

在"战国七雄"的格局形成之初，魏国在各大国中实力最强，而秦国比较弱小。秦国地处西方的边远地区，本来是关中地区一个被中原大国看不起的戎狄小国。即便是在春秋各国称霸中原的时候，秦国也常常被其他大国排斥。但是，自从秦孝公当上秦国的国君开始，一切都不一样了。他任用商鞅进行变法，废除旧的贵族特权制度，使秦国慢慢变得强大起来。赢政当上秦国国君以后，依靠秦国强大的实力，采取了"远交近攻、合纵连横"的策略，发动了秦灭六国之战。秦国先后灭掉了战国七雄中的其他六国，统

一了天下。直到这个时候，"战国七雄"的局面才结束，这标志着中国由一个诸侯割据的封建国家变成了一个专制主义的中央集权国家。

小朋友们，你们现在非常清楚了吧！传说中的"战国七雄"是诸侯混战时代的产物。

什么是"八股文"?

"八股文"产于中国,而且在中国已经绝迹一百多年了。那么,传说中的"八股文"到底是什么呢?

"八股文"是中国明清科举考试用的文体,也称制艺、时文或者八比文。"八股文"的文体起源于宋元的经义,定型于明朝的成化年间,一直到清朝光绪末年才被废除。"八股文"中的文章只能从四书五经中取题,文体有固定的格式,由破题、承题、起讲、入手、起股、中股、后股、束股八部分组成。

首先,揭示标题的意思,称为"破题"。然后,承上文而加以讲述,叫作"承题"。接着,开始议论,称为"起讲"。起讲后引出正文的突破口,称为"入手"。以下再分为"起股""中股""后股"和"束股"四个段落,在每个段落中都有两股排

比对偶的文字，合共八股，所以称为"八股文"。

"八股文"不仅题目主要摘自四书五经，就连所论述的内容也主要根据宋朝朱熹的《四书章句集注》等书来发挥，完全没有自由发挥的空间，甚至连字数都有严格的限制。例如：清朝顺治时字数定为550字；康熙时增为650字，后来又改为700字。这可比现代考试写作文严格多了。

其实，"八股文"注意文章的章法与格调，将古体散文与辞赋融合在一起，形成一种新的文体，在文学史上有着很高的地位。只是在科举考试中，它从内容到形式都很死板，没有一点自由发挥的余地，限制了考生的能力。不仅如此，它还束缚了读书人的思想，败坏了学风。

看来，"八股文"有利有弊，小朋友们要用客观的眼光去看待。

天依然存在的"八股文"现象

虽然"八股文"在清朝光绪年间被废除了，但是在今天的社会生活中，却依然存在着"八股文"现象。比如，在很多考试中，英语作文采用固定的模板来写，如果不采用这种固定模板，阅卷老师就会相应地扣分；还有很多大学生的毕业论文，也要求采用固定模式。

074

哪些人属于"三公"与"九卿"?

小朋友们千万不要觉得"三公九卿"这个说法很深奥，只要仔细看看下面的讲述，就会发现，这其实是一个非常容易理解的概念。

我们把"三公九卿"分开解释，这样就更容易弄清楚了。"三公"是中国古代最尊贵的三个官职的合称。这三个官是帮助国君管理国家大事的最大官。因为很多朝代对这三种大官的称呼不相同，所以"三公"具体指的是哪些大官也不大一样。但我们知道，所谓"三公"也就是皇帝手下最有权力的三个大官。

至于"九卿"就更容易理解了，指的是古代朝堂上的高级官员，官位也很高。这些官员的地位仅仅比"三公"低一些，但依然都是大官。各代的"九卿"也并不相同，西汉时"九卿"指的是列卿或者众卿，也就是说，并不一定非得是九个这样的大官，"九"只是代表了很多的意思。

虽然"三公九卿"的所指，在各朝各代一直处于变动之中，但是"三公九卿"的政治体制被沿用了大约八百年。

相传，"三公九卿"的中央官制，是秦始皇接受李斯的建议所制定的。具体内容是整个国家以皇帝为尊，下设"三公"，"三公"分别是：太尉——管理军事；丞相——协助皇帝处理全国政事；御史大夫——管理大臣们的奏章，下达皇帝的诏令，并且监督国家事务。"九卿"对丞相负责，按照官位的职能行使权力。当然，这只是秦朝的"三公九卿"制。在以后的各朝各代中，这个制度的大体框架不变，但在"三公九卿"的具体所指上，却有所变动。

就这样，"三公九卿"制在频繁的变动中从秦朝一直沿用到了两晋，直到隋文帝开创"三省六部"制。但是，

监督

即便是"三省六部"制，在结构上也有着"三公九卿"制的影子。一直到了明朝，明朝的开国皇帝朱元璋废掉了中书省、尚书省以及门下省，由六部直接对皇帝负责，中国古代的"三公九卿"制才算走到了尽头。

皇权

政事

军事

什么是"五代十国"?

"五代十国"是"五代"与"十国"的合称，有时也仅称为"五代"。历史学家认为"五代十国"是从公元907年唐朝灭亡开始，一直到公元

960 年宋朝建立为止。因此，"五代"共有五十四年的时间。这时期中原地区前后出现了梁、唐、晋、汉、周五个朝代，历史学家称这五个朝代为后梁、后唐、后晋、后汉、后周。

除这五朝外，前后还出现了前蜀、后蜀、吴、南唐、吴越、闽、楚、南汉、南平和北汉等割据政权，这些政权统称为"十国"。这就是历史上有名的"五代十国"。

其实，"五代"和"十国"在本质上都是唐朝藩镇割据和唐朝后期政治的延续。唐朝灭亡后，军力强盛的藩镇国家就成了"五代"。虽然，这五国实力强大，但只是藩镇型的国家，无力控制整个中原。而其他割据一方的藩镇，有些也自立为国，所以在"五代"之外还有"十国"。

小朋友们，这下你们明白了吧！

蜀

后蜀

吴

南唐

079

吴越

楚

南汉

南平

北汉

什么是"九儒十丐"？

"九儒十丐"到底是什么意思呢？儒，在古代指读书人；丐，自然就是乞丐了。原来，元代统治者把人分为十等，读书人为第九等，仅仅居于第十等的乞丐之上。可想而知，"九儒十丐"指的是知识分子受到歧视的现象。

080

关于"九儒十丐"的说法，有两个出处。一个出处是宋末诗人、画家郑思肖的《心史》："一官、二吏、三僧、四道、五医、六工、七猎、八娼、九儒、十丐。"另一个出处是南宋末期官员谢枋得的《叠山集》："滑稽之雄，以儒者为戏曰：'我大元典制，人有十等：一官、二吏；先之者，贵之也，谓其有益于国也；七匠、八娼、九儒、十丐，后之者，贱之也，谓其无益于国也。'"经过历史学家考证，《心史》是伪书，没有什么说服力；而《叠山集》中则说"九儒十丐"是"滑稽之雄"的戏言，也不是可以相信的史实。所以，"九儒十丐"的说法，也没有什么确凿证据。相反，在今天看来，读书人可是最有用的人才呢！

古代官级的划分

一品

二品

三品

四品

五品

六品

七品

中国现代官职从办事员、科级、处级、厅级、部级到国家领导人，共有15个等级。人们常说的"处级干部""厅级干部"等，就是以此划分的。中国古代的官阶制度，比现代的更为繁复，那他们又是怎样划分的呢？

在古装戏里，我们经常会听到"一品大员""九品芝麻官"之类的称呼，"品"就是古代官阶的单位。在我国古代，曾经表示官级尊卑的标准有两个：秦汉时期的标准单位是"石"，什么"二千石""千石""四百石"等，就是官阶。当然了，数字大的代表的官级也高。隋唐以后，官级单位改成了"品"。"品"的划分是从一到九，也就是说，古代的官场中有"一品官""二品官"……"九品官"，以字数小的为尊。一品官最大，而九品官较小，当然还有一些小到不入品的官职，在这里我们暂时不提。

官阶由"石"到"品"的转化，是在魏晋南北朝时期。新的官阶单位"品"产生以后，"石"表示官阶尊卑的职能就消失了，它仅仅作为俸禄的多少而存在。隋文帝杨坚在统一中国后，正式制定了"正从九品三十阶"的官阶制度。从此以后，"正从九品三十阶"就正式成了官阶制度。此后一千多年的历史岁月里，历代王朝一直沿用这种制度。直到辛亥革命成功，这一官阶制度才被废除。

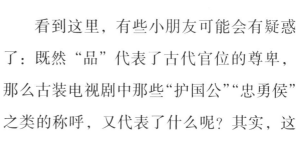
护国公？
忠勇侯？

看到这里，有些小朋友可能会有疑惑了：既然"品"代表了古代官位的尊卑，那么古装电视剧中那些"护国公""忠勇侯"之类的称呼，又代表了什么呢？其实，这些称呼并不是官位，而是爵位。

爵位又称"封爵"或者"世爵"，是古代皇族、贵族的封号，用以表示身份等级与权力的高低。说得简单一些，爵位在古代，代表了上层人士之间的权力大小。当然，爵位也有着非常严格的等级划分。在周代，爵位分为公、侯、伯、子、男五等爵，都是世袭制度。而有爵位的人的封地，叫作"国"。各诸侯国内一些有权力的贵族也可以有爵位，比如说卿、大夫、士等，当然了，这些被封爵的人也有封邑，他们可以对封邑行使统治权。

需要说明的是，上面所说的爵位的划分，仅仅是在周代。但是，即便是在周代，各个诸侯国内的爵位划分也并不相同，更不用说历史上的其他时期了。比如：秦朝使用的是商鞅变法后定下的二十等爵；汉朝时，除采用秦时的二十等爵制度外，又增加了王爵。魏国时废除了二十等爵，定爵制为九等：王、公、侯、伯、子、男、县侯、乡侯、关内侯。比如，大名鼎鼎的诸葛亮的爵位就是"武乡侯"。而到西晋时，爵位的等级又变成了十八级。总而言之，古代的爵位划分是非常混乱的，在这里我们很难一一列举。

小朋友们在学习历史的时候，多掌握一些规律，就不会被这些变来变去的官职和爵位等级弄得眼花缭乱了。

什么是"五胡十六国"?

　　"三国"指的是魏、蜀、吴三足鼎立的时代,而三国时代的结局是司马氏家族的晋朝统一了天下。本来他们可以继续秦汉统一的格局,但是,司马王朝的政权主要由少数几个有权势的人掌握,这样就导致很多社会矛盾的产生,动摇了晋王朝统治的基础,就出现了后来的"五胡十六国"。

　　"五胡"指的是匈奴、鲜卑、羯、氐、羌。在西晋时期，"五胡"分布在西晋北方和西方的边远地区，对晋王朝呈半包围的局面。由于晋王朝统治基础动摇、朝廷腐败、汉官贪污残暴，"五胡"

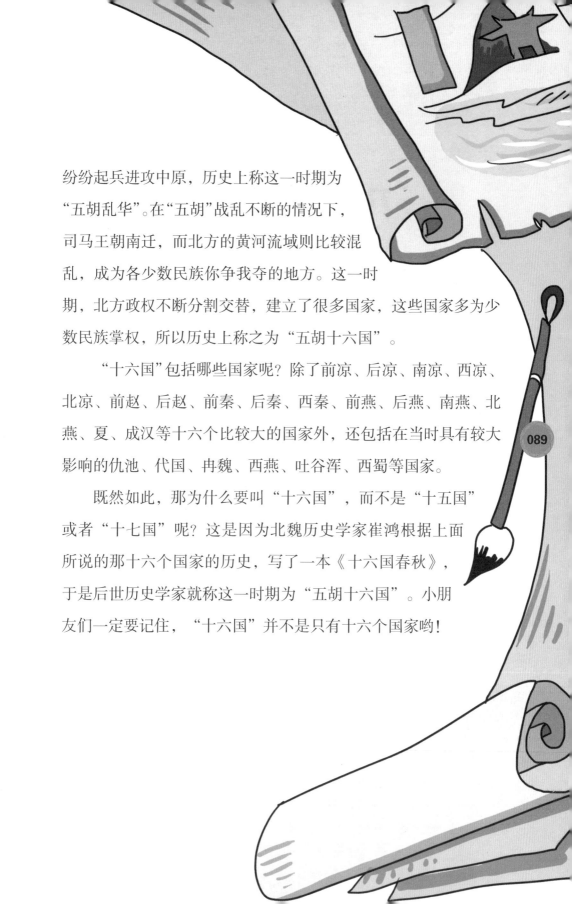

纷纷起兵进攻中原，历史上称这一时期为"五胡乱华"。在"五胡"战乱不断的情况下，司马王朝南迁，而北方的黄河流域则比较混乱，成为各少数民族你争我夺的地方。这一时期，北方政权不断分割交替，建立了很多国家，这些国家多为少数民族掌权，所以历史上称之为"五胡十六国"。

　　"十六国"包括哪些国家呢？除了前凉、后凉、南凉、西凉、北凉、前赵、后赵、前秦、后秦、西秦、前燕、后燕、南燕、北燕、夏、成汉等十六个比较大的国家外，还包括在当时具有较大影响的仇池、代国、冉魏、西燕、吐谷浑、西蜀等国家。

　　既然如此，那为什么要叫"十六国"，而不是"十五国"或者"十七国"呢？这是因为北魏历史学家崔鸿根据上面所说的那十六个国家的历史，写了一本《十六国春秋》，于是后世历史学家就称这一时期为"五胡十六国"。小朋友们一定要记住，"十六国"并不是只有十六个国家哟！

"九族"有哪些亲戚?

什么是"九族"?让我们先从"族"来说起。古人曾经解释,"族"就是聚集的意思。家族就是以血缘关系为基础而形成的社会组织,简单地说,就是同一血统的几辈人。其实,从"族"的字面上来看,也很容易理解。"族"是一个假借字,原来指的是盛箭的袋子,把许多支箭装在一起,就叫作"族"(后来写作"簇")。用这个字来代表各家庭的"族",就是许多家庭聚集在一起的意思。所以,家族是以家庭为基础的,同一血缘的许多家庭,共同组成了家族。

在一些古装电视剧里,皇帝一发怒,就对犯错的人说:"我要灭你九族。"家族的意思我们知道了,那么"九族"又是指什么呢?其实,"九族"泛指的是亲属,但具体所指,在古代大概有两种不同的说法。第一种说法是:上自高祖,下至玄孙。即玄

孙、曾孙、孙、子、身、父、祖父、曾祖父、高祖父。简单地说，从高祖祖父往下数九代，就是"九族"了。第二种说法是：父族四、母族三、妻族二。"父族四"指的是姑姑的子女、姐妹的子女、女儿的子女、自己的父母和兄弟姐妹及儿女；"母族三"指的是母亲的父亲、母亲的母亲、母亲的兄弟；"妻族二"指的是岳父和岳母。

耸人听闻的古代"株连法"

在封建社会，有着耸人听闻的株连制度。往往一个人犯了大错，就会有很多无辜的人受到牵连。历史中，株连最广的是明成祖杀方孝孺。据史料记载，方孝孺被明成祖灭掉的是"十族"，就是我们上面所说的"九族"再加上他的学生。那一场大案下来，总共有八百七十三人被杀。

之所以会出现"九族"的说法，这与古代封建社会的刑罚制度有很大的关系。封建社会施行的是残酷的"株连法"，一个人犯罪往往会牵连很多的人，而"灭九族"就是其中最残酷的"株连法"之一。

第四章

古代数学应用

什么是"连中三元"?

从历史书中我们知道,隋朝以后的读书人要想做官,就一定要经过科举考试的选拔。这有些类似于我们今天的升学考试,只有考出好成绩才能进入好学校。

　　我国古代的科举考试制度，从隋朝开始实行，一直到清朝光绪三十一年为止，一共延续了一千三百多年。在这一千三百多年的历史中，参加过科举考试的人不计其数。尽管科举考试每隔一年或者几年就要举行一次，但是"连中三元"的人却不多，总共只有十八位，这是为什么呢？想要知道这个问题的答案，我们就一定要了解古代科举考试的过程。

　　以清代为例，旧时最初级的科举考试是从府、州、县这样的基层开始的，叫作"童试"。参加童试的人叫作"童生"，考中的人叫作"秀才"，而取得第一名的人叫作"案首"。

　　童试之后，是较高一级的国家考试，叫作"乡试"，这个

童试

乡试

会试

考试是在省城举行，参加考试的人就是各地的秀才，考中的人称为"举人"，第一名叫作"解元"。

乡试之后是"会试"，会试是在中央的礼部举行，参加考试的人自然是各地的举人了。会试考中的人称为"贡生"，第一名叫作"会元"，第二名至第五名称为"经元"。

最后一轮考试叫作"殿试"，殿试的地点比较特殊，是由皇帝亲自在金銮殿上主持的考试，参加考试的考生是贡生。考中的人称为"进士"，而第一名叫作"状元"，第二名叫作"榜眼"，第三名叫作"探花"。

现在，我们可以解释"连中三元"的意思了。在科举考试中，如果参加考试的考生连取三个第一名，也就是说，连续取得"解元""会元""状元"的头衔，那么这名考生就被称为"连中三元"。这三个第一，可不是容易考的呢！尤其是"状元"的头衔，那可是要取得全国的第一名呢！这也就难怪在科举考试的一千三百多年历史中，只有十八个人做到过"连中三元"。

殿试

"六艺"包含哪些知识？

中国古代的儒家思想，要求学生掌握六种基本的才能，这六种基本才能是"礼""乐""射""御""书""数"，也就是我们今天所说的"六艺"。现在，我们来细细解释"六艺"到底指的是什么。

"礼"指的是礼节。古代有"五礼"之说，也就是"吉礼""凶礼""军礼""宾礼"和"嘉礼"，说的是各种场合应该注意的礼节。

　　"乐"指的是音乐、诗歌和舞蹈。古代有"六乐"之说。"六乐"指的是"云门""大咸""大韶""大夏""大濩""大武"等古乐，说的是中国古代的宫廷乐舞。

　　"射"指的是射箭技术。古代有"五射"之说，指的是"白矢""参连""剡注""襄尺""井仪"，说的是高超的射箭技术。

　　"御"指的是驾驭技术。古代有"五御"之说，指的是"鸣和鸾""逐水曲""过君表""舞交衢""逐禽左"，说的是高超的驾驭马车技术。

　　"书"指的是书法，包括书写、

识字和作文。古代有"六书"之说，指的是"象形""指事""会意""形声""转注"和"假借"。现在的语文老师在课堂上也会讲到这些内容。

"数"指的是算法。古代有"数艺九科"的说法，指的是"方田""栗布""差分""少广""商功""均输""盈朒""方程""勾股"。"数"的意思自然是数学，而古代的"数艺九科"也就是现在的应用题了。

解释完"六艺"，小朋友们也一定看出来了，数学可是自古以来就受到重视的学科呢！

《道德经》里的 "一、二、三"

"道生一，一生二，二生三，三生万物"，这是《道德经》中的一句话。《道德经》一向有"玄学"之称，尤其是这句话，说得更是玄乎。那么，"道生一，一生二，二生三"到底是怎么回事呢？

在理解这句话之前，我们需要对这句话的出处——《道德经》做一个了解。《道德经》又被称为《道德真经》《老子》《五千言》《老子五千文》等，是由春秋时期的老子写成的。小朋友对老子这个人应该不会陌生，他是中国古代伟大的思

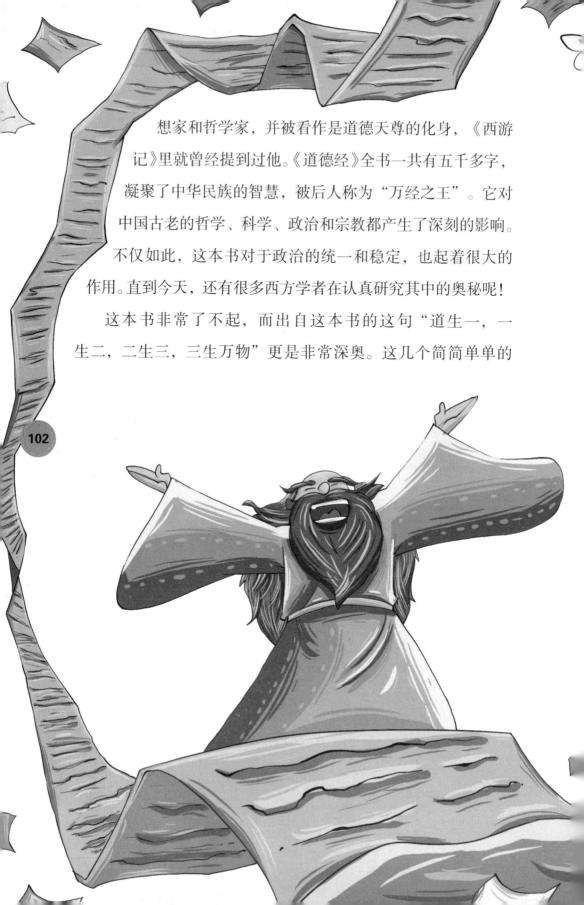

想家和哲学家，并被看作是道德天尊的化身，《西游记》里就曾经提到过他。《道德经》全书一共有五千多字，凝聚了中华民族的智慧，被后人称为"万经之王"。它对中国古老的哲学、科学、政治和宗教都产生了深刻的影响。不仅如此，这本书对于政治的统一和稳定，也起着很大的作用。直到今天，还有很多西方学者在认真研究其中的奥秘呢！

这本书非常了不起，而出自这本书的这句"道生一，一生二，二生三，三生万物"更是非常深奥。这几个简简单单的

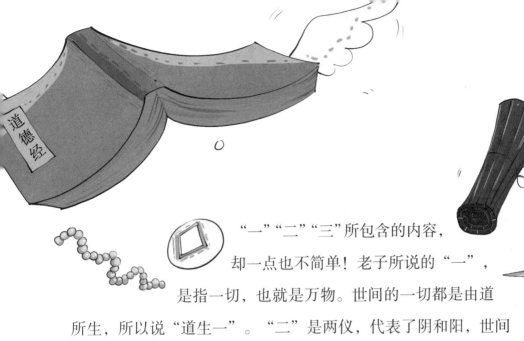

"一""二""三"所包含的内容，却一点也不简单！老子所说的"一"，是指一切，也就是万物。世间的一切都是由道所生，所以说"道生一"。"二"是两仪，代表了阴和阳，世间万物都是由阴阳两面所组成的，就像有正义就一定会有邪恶，有黑暗就一定会有光明。而阴和阳，是由一生成的，所以说"一生二"。"二"加上"一"，就是"三"，"三"指的是附有阴阳属性的事物，事物维持阴阳和谐，才能够存在，所以说"二"生"三"。"三"是天、地、人，占尽了天时、地利、人和，就可以创造新的事物，所以说"三生万物"。

从对这句话的简单解释中，我们不难发现，"一""二""三"这几个数字包含了很多的知识。其实，这样的解释，只说出了这几个数字所包含的知识面的极小部分。我们必须通过科学的研究和探索，进行广泛的哲学思想分析，才能深入了解这句话和那几个看起来简简单单的数字的真正含义。

你认识老子吗?

老子,又称老聃,原名李耳,字伯阳。是我国古代伟大的哲学家和思想家,道家学派的创始人,被唐朝帝王追认为李姓始祖。老子是世界文化名人,是世界百位历史名人之一。存世作品《道德经》主张无为而治,对中国哲学的发展具有非常深刻的影响。

古代数学家

我们都曾经接触过中国古代文学。可以说，中国古代文学的历史很辉煌。其实，在中国的历史长河中，不仅仅是文学的历史辉煌，数学的历史也很了不起呢！

中国古代有很多著名的数学家都对人类的发展做出了巨大的贡献。现在，让我们漫步于历史的古道，探寻一下中国古代那些有名的数学家吧！

刘徽，三国后期魏国人，是中国古代杰出的数学家，也是中国古典数学理论的奠基者之一。虽然，他的生平事迹在史书上很少有记载，但是，他在世界数学史上却占有很高的地位。他的著作《九章算术注》和《海岛算经》是世界数学史上宝贵的财富。

祖冲之，我国南北朝时期杰出的数学家和科学家。他在数学、天文历法和机械方面，都做出了重要贡献。在数学方面，他写有《缀术》一书，并且和儿子一起圆满地解决了球体体积的计算问题，得出了正确的球体体积计算公式。他在数学方面最杰出的成就是关于圆周率的计算。经过刻苦钻研，反复演算，他得出了较为精准的圆周率值。而外国数学家获得同样的结果，是在一千多年以后。

张丘建，北魏时清河人。他在数学方面的主要成就是最小公倍数的计算、等差数列问题的解决以及"百鸡术"，并有《张丘建算经》一书流传于世。"百鸡术"是世界著名的不定方程解决方法。

朱世杰，我国元代著名的数学家。他的代表作有《算学启蒙》和《四元玉鉴》。《算学启蒙》一书曾经流传到海外，对日本和朝鲜的数学发展起了深远影响。而《四元玉鉴》则是我国古代数学达到高峰的一个显著标志。

贾宪，北宋人。中国古代数学在宋朝和元朝时达到了高峰，而贾宪在数学上的成就，更是

推动了这一高峰的向上发展。他的代表作有《黄帝九章算经细草》，其中的"贾宪三角"是他一生最重要的研究成果。

秦九韶，四川安岳人，他和李冶、杨辉、朱世杰并称为"宋元数学四大家"。

他的主要著作有《数书

$a^2+b^2=c^2$

九章》，这本书在世界数学史上有着很高的地位。

中国古代的数学家其实还有很多，在这里，我们无法将他们一一介绍给小朋友们，他们中的很多人在当时都默默无闻地坚持为数学的发展做贡献。正是因为数学家们一点一滴的积累，今天的我们才可以简单又方便地学习数学。他们的数学成就，在人类社会的发展历史上闪耀着璀璨的光芒。我们应向他们致以最崇高的敬意。

古代数学知多少?

古代数学，起源于人类早期的生产活动，因商业上计算的需要、了解数字间的关系、测量土地以及推算天文事件而产生。在古代，数学被称为算术或者算学，最后才改为数学。我国古代数学的发展，在很多时候都走在了同一时期世界数学的最前沿，是中国人民的骄傲。

古代 "十圣" 是什么?

在我国历史上，某一领域有着杰出贡献的人物，往往被后人尊称为"圣人"。在中国上下五千年的历史长河中，圣人众多，其中比较有影响力的十位代表人物被人们称为"十圣"。虽然"十圣"中所包含的人物说法不一，但被人们广泛认可的有以下十位"圣人"。

一、"至圣"——孔子。孔子名丘，字仲尼，春秋时鲁国陬邑人，是我国古代著名的思想家、教育家、政治家以及儒家学说的创始人。自汉代以后，孔子的学说慢慢成为中国封建文

孔子

化的正统，对后世影响很大。后人一直尊称他为"圣人"。

二、"亚圣"——孟子。孟子名轲，字子舆，战国时期邹国人，是我国古代著名的思想家、政治家和教育家。他所著的《孟子》一书对后世的影响很大，是儒家的经典著作之一。他与孔子被人们合称为"孔孟"。

三、"诗圣"——杜甫。杜甫字子美，自号少陵野老，河南巩县人，是我国唐代最伟大的诗人之一。他一生写了很多反映社会现实生活的诗。因为他的诗比较真实，并且充满了对劳动人民的关怀和同情，所以他被后人尊为"诗圣"。

四、"词圣"——苏轼。苏轼字子瞻，号东坡居士，四川眉山人，是我国宋代

　　著名的词人和文学家。他一生写了很多有名的词，他的词豪迈奔放，对后世影响很大，所以他被后人称为"词圣"。

　　五、"书圣"——王羲之。王羲之字逸少，人称"王右军"，东晋山东琅琊人，是我国古代最为著名的书法家之一。他的字汲取了前人书法的精华，又创立了个人独特的风格。尤其是他的楷书达到了完美的境地，所以他被人们公认为"书圣"。

　　六、"画圣"——吴道子。吴道子又名道玄，唐代阳翟人，是我国古代最为著名的画家之一。他最擅长画人物画，而且画得

非常逼真。在他的画中，人物的衣带就像要飘起来一样，因此有"吴带当风"的美誉，所以他被后人尊称为"画圣"。

七、"酒圣"——杜康。杜康又名少康，字仲宁，夏朝人。杜康是酒的始造者，华夏酒文化自此兴起。三国时，曹操就曾经唱出了"慨当以慷，忧思难忘；何以解忧，唯有杜康"的千古名句。所以杜康被后人尊称为"酒圣"。

八、"医圣"——张仲景。张仲景名机，汉末南阳人，是我国古代著名的医学家，现在仍有他的《伤寒杂病论》一书留存在世上。

張仲景

妙手
神医

他不仅医术高超，而且他的"中医理论和治疗方法"更是奠定了中医治疗学的基础，所以后人尊称他为"医圣"。

九、"药圣"——孙思邈。孙思邈自号孙真人，京兆华原人，是唐代的大医学家。他的著作《千金要方》是我国最早的临床医学百科全书。书中的内容，从基础理论到临床各科，理、法、方、药齐备，是中医学的珍宝。所以他被后人尊称为"药圣"。

十、"茶圣"——陆羽。陆羽字鸿渐，号东冈子，唐代复州竟陵人，是我国古代著名的茶叶专家。陆羽一生研究茶知识，写出了世界上第一部茶叶专著《茶经》，所以他被后人尊称为"茶圣"。

孙思邈

小朋友们，这些就是我国古代的"十圣"，他们是我们中华民族历史上了不起的人物，很值得我们去认真学习呢！

陆羽

古代怎么纪年的？

考古学者认为，夏朝是中国古代最早的王朝。但是，有关夏朝的历史资料，基本上都来自于后世的文献记录。因此，夏朝并不是中国历史最初的年份记载。那么，中国历史上最初的年份记载到底是在什么时候呢？

根据史学家们的研究，中国历史最初的年份记载是在周朝。公元前841年，西周的"共和元年"是中国历史上准确纪年的第一年。这一说法，是根据司马迁《史记》的记载换算的，在此之后的每一年都符合历史的记载。我们知道，司马迁是历史上的名人，他长期做太史令并掌管西汉的国家资料。因此，人们认为他的史料记载非常可靠。所以，公元前841年，西周的"共和元年"是中国历史最初的年份记载。

在这里，我们有必要介绍一下这个西周的"共和元年"。西周时，周厉王非常残暴。在他的统治下，人民生活极为困苦。在这种无道的统治下，公元前 841 年爆发了"国人暴动"。这是一场非常浩大的农民起义，被压迫的农民带着怒火对周厉王的统治进行了抗争，终于将他赶出了镐京。自此以后，由大臣周公和召公等人共同执政，所以称为"共和"。而这一年，就被称为"共和元年"。

从公元前 841 年的"共和元年"开始，我国历史记载的所有事件，都以编年的形式有了明确的记载。每个君主在位的时间长短和在位时所发生的重要历史事件，都能完整地连接起来。而在此之前，我国的历史记载是不完整的。

什么叫作"国人"？

封建社会的等级划分非常严格，有着明确的界线。在周代，人们所构筑的城邑通常有两层城墙，从内到外分别为城和郭。住在城郭内的称为"国人"，而住在城郭外的则称为"野人"或者"鄙人"。

天干地支的数学知识

天干地支简称"干支"，是夏历中用来编排年号和日期的。在中国古代的历法中，甲、乙、丙、丁、戊、己、庚、辛、壬、癸被称为"十天干"。子、丑、寅、卯、辰、巳、午、未、申、酉、戌、亥叫作"十二地支"。

"十天干"与"十二地支"两者之间按照固定的顺序互相配合就组成了"干支纪法"。我们知道，"干支纪法"中天干的数目是十，而地支的数目是十二，十和十二的最小公倍数是六十。因此，每过六十年，天干地支纪法就会出现重复循环的现象。人们所说的六十年一个"花甲子"，就是这么来的。小朋友们一定不要小看这种天干地支纪年法，它的用处可不小呢！

如果知道了纪年的代号以及大致的区间，通过"干支

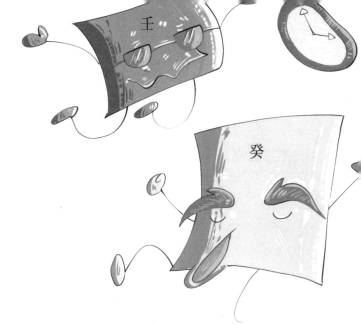

纪年法"，我们就可以推算出历史中的一些事情发生在哪一年呢！举个例子，如果我们不知道历史上有名的"戊戌变法"发生在哪一年，就可以用"干支纪年法"推算出来。因为这件事是"戊戌"年发生的，那么这件事有可能是发生在 1958 年、1898 年、1838 年等，我们还知道这件事发生在清朝光绪年间，于是就可以推算出"戊戌变法"发生在 1898 年。

所以用这种方法，我们可以推算出历史中很多大事发生的具体年份呢！小朋友们，这是不是很神奇？

甲

120

天干地支是谁发明的？

关于天干地支的来源，有很多种说法，但最普遍的一种说法，认为发明者是四五千年前上古轩辕时期的大挠氏。相传，天干地支刚被发明的时候，天干仅仅用来纪日，地支用来纪月。后来，人们觉得用天干来纪日会有重复的现象，于是就用天干地支搭配起来纪日。再到后来，这种方式才慢慢被引进到了纪年、纪月和纪时。

八卦阵与数学

在古典小说《三国演义》中，"八卦阵"被描绘得神乎其神。一些电影电视剧中也常有这样的画面：一些步兵手持盾牌走来走去，按照八卦布成大阵，这样就可以轻松地困住对方的人马。即使对方拼死突围，也很难冲出来。这样的"八卦阵"让我们觉得很复杂，也很神秘，甚至是不可思议。"八卦阵"真有这么厉害吗？

"八卦阵"学名为"九宫八卦阵"，传说是由诸葛亮发明的。九为数之极，取六爻三三衍生之数。《易经》上说："一生二，二生三，三生万物。又有太极生两仪，两仪生四象，四象生八卦，八卦变六十四爻，周而复始。"当然了，这些《易经》上的话对于我们来说，实在有点难以理解。我们要理解"九宫八卦阵"，就从"九宫"开始了解，"九宫阵"的原理就是"八卦阵"的简单原理。

那么，"九宫阵"是什么？所谓"九宫"，其实是一道数学题：把一到九这九个数字，按照三乘三的方阵排列，使横竖相加、对

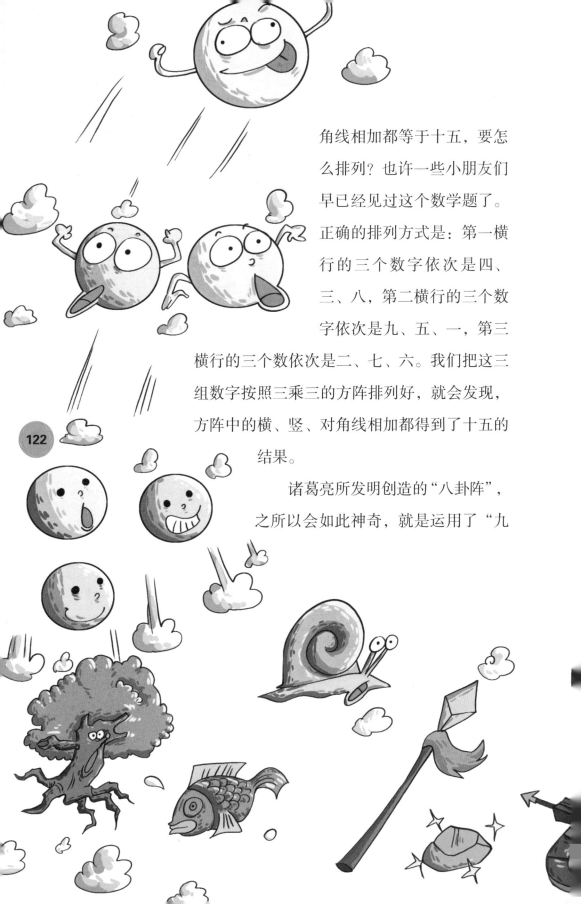

角线相加都等于十五，要怎么排列？也许一些小朋友们早已经见过这个数学题了。正确的排列方式是：第一横行的三个数字依次是四、三、八，第二横行的三个数字依次是九、五、一，第三横行的三个数依次是二、七、六。我们把这三组数字按照三乘三的方阵排列好，就会发现，方阵中的横、竖、对角线相加都得到了十五的结果。

诸葛亮所发明创造的"八卦阵"，之所以会如此神奇，就是运用了"九

宫阵"中的数学原理。古时作战一般分为"三军"，也就是左军、中军和右军。中军主要负责进攻，而左军和右军则是这支军队的两翼。如果把军队的分布按照"九宫阵"的数字排列方式进行布置，那么就加深了"三军阵法"的纵深，使"三军"之后又有"三军"。这点不难理解，从"九宫阵"那些数字的排列中，我们很容易发现，任何一支左中右的三军队伍，都可以随时得到支援。但其实总共的兵力还是那么多，这样就让人觉得非常神奇。

其实，所谓的"八卦阵"，就

是一种经过事先针对性训练的、按照"九宫阵"排列军队的作战方式。看起来非常神奇，但是深入了解，我们会发现，这些神奇之处原来只是一些比较有趣的数学原理。

小朋友们只要知道了"九宫阵"，就已经懂得了"八卦阵"中的一些基本原理哟！

中

124